CAMBIA IL MONDO CON L'AI

Guida all'Intelligenza Artificiale e applicazioni per il tuo Business

Sommario

1.Introduzione

1.1 Presentazione del libro

Benvenuti nel nuovo e aggiornato libro sull'intelligenza artificiale. In questo testo, esploreremo l'impatto dell'intelligenza artificiale su diversi settori e analizzeremo le sue implicazioni sociali ed etiche.

L'intelligenza artificiale sta rivoluzionando il mondo in cui viviamo. Grazie alle sue capacità di apprendimento automatico e di elaborazione dei dati, l'IA sta creando nuove opportunità in settori come la sanità, la finanza, la logistica, l'energia e la produzione.

Tuttavia, l'IA solleva anche alcune preoccupazioni riguardo ai suoi impatti sull'occupazione, sulla privacy, sulla sicurezza e sulla società in generale. In questo libro, cercheremo di analizzare sia i lati positivi che quelli negativi dell'IA e di offrire una visione completa del suo ruolo nella nostra società.

In ogni capitolo, esamineremo esempi pratici di come l'IA sta cambiando il modo in cui operiamo e lavoriamo in diversi settori, e cercheremo di evidenziare i vantaggi e gli svantaggi di queste nuove tecnologie. Spero che questo libro possa essere un utile strumento per coloro che sono interessati a conoscere meglio il mondo dell'intelligenza artificiale e le sue potenzialità.

1.2 Obiettivi del libro

Il nostro obiettivo principale, in questo libro sull'intelligenza artificiale, è quello di fornire una panoramica completa e accessibile delle tecnologie AI e delle loro applicazioni pratiche.

Vogliamo mostrare ai nostri lettori come questa tecnologia sta trasformando il mondo che ci circonda e le diverse opportunità che questa tecnologia può offrire per migliorare la nostra vita.

Inoltre, vogliamo anche affrontare in modo approfondito le questioni etiche e sociali che l'intelligenza artificiale solleva, al fine di aiutare i nostri lettori a comprendere meglio i rischi e le sfide che questa tecnologia comporta.

In questo modo, speriamo di promuovere una riflessione critica sulle implicazioni della tecnologia AI e di fornire spunti per una discussione più ampia su come utilizzarla in modo responsabile.

Speriamo che questo libro possa essere una fonte di ispirazione per tutti coloro che sono interessati a conoscere meglio l'intelligenza artificiale e i suoi impatti sulla società.

2. Concetti di base dell'Intelligenza Artificiale

2.1 Definizione di AI

L'intelligenza artificiale (AI) è una delle tecnologie più avanzate e promettenti del nostro tempo, ma cosa significa esattamente?

In questo capitolo, esploreremo i concetti di base dell'AI e cercheremo di definirla in modo chiaro e preciso.

L'AI si riferisce a sistemi informatici che sono in grado di imitare l'intelligenza umana, come la capacità di apprendere, ragionare, problem solving, e di svolgere attività che richiedono intelligenza. Questi sistemi possono utilizzare tecniche di apprendimento automatico per acquisire conoscenze e migliorare le loro prestazioni in modo autonomo, senza bisogno di essere programmato esplicitamente per ogni possibile situazione.

Tuttavia, la definizione di AI non è sempre così chiara. Alcuni esperti sostengono che l'AI si riferisca solo a sistemi che possono superare le prestazioni umane in una specifica attività, come il gioco degli scacchi o il riconoscimento vocale. Altri la vedono come un insieme più ampio di tecnologie, che comprende sia sistemi che superano le prestazioni umane, che quelli che si limitano a riprodurre l'intelligenza umana.

In realtà, la definizione di AI è ancora oggetto di dibattito tra i filosofi e gli scienziati della computazione. Tuttavia, possiamo affermare con certezza che l'AI è una tecnologia che sta trasformando il modo in cui lavoriamo e viviamo, e che ha il potenziale di cambiare il mondo in modi che ancora non possiamo immaginare.

In questo libro, esploreremo le applicazioni pratiche dell'AI in diversi settori e cercheremo di capire meglio come questa tecnologia sta cambiando il mondo. Speriamo che questo capitolo abbia contribuito a fornire una definizione più chiara dell'AI e a gettare le basi per una discussione più approfondita sulle sue implicazioni etiche e sociali.

2.2 Storia dell'AI

La storia dell'Intelligenza Artificiale è lunga e complessa, che risale alle radici della teoria della computazione nel XX secolo. La nascita dell'AI può essere fatta risalire alla pubblicazione di "Computing Machinery and Intelligence" di Alan Turing nel 1950, dove propose una serie di esperimenti per testare la capacità di una macchina di imitare l'intelligenza umana.

Negli anni '50 e '60, la ricerca sull'AI si concentrava sulla creazione di algoritmi che potessero risolvere problemi matematici e logici. Alcuni dei primi successi in questo campo includono il programma di gioco scacchi di Claude Shannon e il programma di risoluzione del teorema di Euclide di Herb Simon e Allen Newell.

Negli anni '70, la ricerca sull'AI si allargò per includere la creazione di sistemi di apprendimento automatico. Il concetto di apprendimento automatico era stato introdotto già negli anni '50, ma la disponibilità di dati e potenza di calcolo necessari per sviluppare tali sistemi aumentò solo negli anni '70. Uno dei primi esempi di apprendimento automatico fu l'algoritmo di apprendimento Bayesiano, utilizzato per analizzare le prestazioni dei sistemi di riconoscimento del linguaggio.

Negli anni '80 e '90, l'attenzione si spostò sulla creazione di sistemi di AI capaci di ragionare e di utilizzare la conoscenza per risolvere problemi del mondo reale. Questo portò allo sviluppo di sistemi esperti, che utilizzavano le conoscenze di esperti umani per risolvere problemi specifici.

Nel XXI secolo, l'Intelligenza Artificiale ha visto una crescita esponenziale grazie ai progressi nella tecnologia hardware e software e all'esplosione dei dati digitali. L'AI ha aperto la strada a nuove applicazioni che si estendono in diversi settori, dalla guida autonoma dei veicoli alla diagnostica medica, dalla traduzione automatica alla creazione di contenuti.

In particolare, l'utilizzo dell'AI nella guida autonoma ha rivoluzionato l'industria automobilistica. I veicoli autonomi utilizzano una combinazione di sensori, algoritmi di apprendimento automatico e mappatura ad alta definizione per muoversi autonomamente in modo sicuro e affidabile. Questa tecnologia è destinata a migliorare la sicurezza stradale, ridurre il traffico e migliorare l'efficienza del trasporto.

In campo medico, l'AI sta contribuendo alla diagnosi e alla cura delle malattie in modo sempre più preciso ed efficiente. Ad esempio, l'analisi di grandi quantità di dati medici può aiutare a identificare precocemente malattie come il cancro e altre patologie, migliorando la prognosi e la terapia. Inoltre, l'AI può essere utilizzata per la produzione di farmaci personalizzati, migliorando l'efficacia della terapia e riducendo gli effetti collaterali.

La traduzione automatica, invece, è diventata sempre più accurata grazie all'uso di algoritmi di apprendimento automatico. La tecnologia di traduzione automatica viene utilizzata in molti settori, tra cui il commercio internazionale e la comunicazione tra persone che parlano lingue diverse.

L'AI è stata utilizzata anche nella creazione di contenuti. Gli algoritmi di generazione di testo e di immagini possono essere utilizzati per creare contenuti ad alta qualità in modo automatico, migliorando l'efficienza dei processi di produzione e la qualità dei risultati.

L'AI ha aperto la strada a numerose applicazioni che stanno rivoluzionando il modo in cui viviamo e lavoriamo. Grazie alla sua capacità di analizzare grandi quantità di dati e di apprendere dai risultati, l'AI può essere utilizzata per migliorare l'efficienza, la precisione e l'innovazione in molti settori.

In sintesi, la storia dell'AI è caratterizzata da continui progressi e sviluppi. Ogni volta che una tecnologia viene superata o sostituita, ci sono nuovi progressi e scoperte che aprono nuove strade e possibilità. L'AI ha il potenziale per cambiare il mondo in modo radicale, e sarà interessante vedere come la sua storia si svilupperà in futuro.

2.3 Tipologie di AI

L'Intelligenza Artificiale può essere suddivisa in diverse categorie in base alle sue funzioni e alle modalità di apprendimento utilizzate.

Innanzitutto, c'è **l'Intelligenza Artificiale debole**, che si riferisce a sistemi che sono progettati per svolgere specifici compiti. Questi sistemi utilizzano algoritmi di apprendimento automatico e di riconoscimento dei pattern per eseguire le attività per cui sono stati programmati, ma non hanno la capacità di apprendere da sé o di adattarsi a situazioni impreviste.

L'Intelligenza Artificiale debole rappresenta la forma più comune di AI utilizzata al momento. Questi sistemi sono progettati per svolgere specifici compiti, come ad esempio il riconoscimento di immagini o la traduzione automatica. Gli algoritmi di apprendimento automatico utilizzati sono in grado di analizzare grandi quantità di dati per identificare pattern e riconoscere le informazioni specifiche necessarie per svolgere il compito assegnato.

Nonostante la loro efficacia in determinati contesti, i sistemi di Intelligenza Artificiale debole non hanno la capacità di apprendere da sé o di adattarsi a situazioni impreviste. Pertanto, quando vengono utilizzati in ambienti che richiedono flessibilità e adattabilità, questi sistemi possono non essere efficaci.

Tuttavia, è importante sottolineare che l'Intelligenza Artificiale debole continua a evolversi rapidamente, e sono stati sviluppati algoritmi di apprendimento che consentono a questi sistemi di migliorare la loro efficienza nel tempo. Inoltre, l'Intelligenza Artificiale debole viene spesso combinata con altre tecnologie, come ad esempio la robotica e la sensoristica, per creare sistemi intelligenti in grado di svolgere compiti complessi e sofisticati.

In sintesi, l'Intelligenza Artificiale debole rappresenta il punto di partenza per la creazione di sistemi intelligenti, ma continua a evolversi per migliorare l'efficienza e l'adattabilità in diversi settori. L'Intelligenza Artificiale debole è sempre più utilizzata in molte applicazioni, dalla guida autonoma dei veicoli alla diagnosi medica, e si prevede che continuerà a evolversi e a migliorare in futuro.

D'altra parte, **l'Intelligenza Artificiale forte** è in grado di apprendere e di adattarsi a nuove situazioni in modo simile a quello umano. Questa forma di AI viene utilizzata per sviluppare sistemi di intelligenza artificiale generali che possono svolgere una vasta gamma di compiti. L'obiettivo a lungo termine dell'Intelligenza Artificiale forte è quello di creare macchine in grado di ragionare e prendere decisioni in modo simile a quello umano.

Questa Intelligenza Artificiale rappresenta un salto di qualità rispetto alla sua controparte debole. Questa forma di AI mira a sviluppare macchine in grado di imparare e adattarsi a nuove situazioni in modo simile a quello umano, creando sistemi di intelligenza artificiale generali in grado di svolgere una vasta gamma di compiti.

L'Intelligenza Artificiale forte si basa sull'utilizzo di algoritmi di apprendimento automatico e di reti neurali che consentono alle macchine di analizzare dati complessi e identificare pattern che possono essere utilizzati per prendere decisioni autonome. In questo modo, questi sistemi possono apprendere e migliorare le loro prestazioni nel tempo, in modo simile a quello che fanno gli esseri umani.

Tuttavia, la creazione di macchine in grado di ragionare e prendere decisioni in modo simile a quello umano è un obiettivo ambizioso che richiederà molto tempo e risorse per essere raggiunto. Ci sono ancora molte sfide tecniche da affrontare, tra cui la comprensione del linguaggio naturale, la percezione dell'ambiente circostante e la capacità di ragionare in modo astratto.

Nonostante queste difficoltà, l'Intelligenza Artificiale forte è una delle aree di ricerca più attive e promettenti nel campo dell'informatica. Si prevede che la sua evoluzione continuerà a rivoluzionare molte aree della nostra vita, tra cui la salute, l'istruzione, l'industria e il trasporto, aprendo nuove opportunità e sfide per l'umanità nel futuro.

Un'altra distinzione importante è quella tra **Intelligenza Artificiale supervisionata e non supervisionata.** L'AI **supervisionata** utilizza un set di dati etichettati per addestrare il modello di apprendimento automatico, consentendo di riconoscere determinati pattern. Questo tipo di AI viene utilizzata in applicazioni come il riconoscimento vocale, la classificazione delle immagini e il rilevamento delle frodi.

L'Intelligenza Artificiale supervisionata rappresenta una delle principali categorie di AI e si basa sull'utilizzo di algoritmi di apprendimento automatico che utilizzano un set di dati di addestramento precedentemente etichettati. Questo significa che i dati vengono forniti con informazioni dettagliate sulle loro caratteristiche, il che consente al modello di apprendimento automatico di imparare a riconoscere determinati pattern in base alle informazioni fornite.

Questa AI viene comunemente utilizzata in molte applicazioni, tra cui il riconoscimento vocale, la classificazione delle immagini e il rilevamento delle frodi.

Ad esempio, nei sistemi di riconoscimento vocale, l'AI supervisionata viene utilizzata per riconoscere le parole e le frasi pronunciate dall'utente sulla base del set di dati etichettati di parole e frasi comuni.

Inoltre, l'AI supervisionata viene anche utilizzata per la classificazione delle immagini, consentendo ai sistemi di riconoscere oggetti e forme in base alle caratteristiche specifiche del set di dati di addestramento. Questo tipo di AI è ampiamente utilizzato in applicazioni come la sorveglianza video, la diagnosi medica e il riconoscimento facciale.

Infine, viene anche utilizzata per il rilevamento delle frodi, ad esempio nei sistemi di prevenzione delle frodi con le carte di credito. In particolare, viene utilizzata per analizzare i modelli di spesa dell'utente e rilevare eventuali anomalie che potrebbero indicare un comportamento fraudolento. In generale, l'AI supervisionata è uno strumento estremamente potente per il riconoscimento di pattern e la classificazione dei dati in molti settori diversi.

L'**Intelligenza Artificiale non supervisionata**, invece, si basa sull'apprendimento non guidato, utilizzando algoritmi di clustering e di analisi dei dati per identificare pattern e relazioni nei dati. Questo tipo di AI viene utilizzata in applicazioni come l'analisi dei dati per migliorare la customer experience e la previsione della domanda di mercato.

L'Intelligenza Artificiale non supervisionata si basa sull'idea che i dati possano avere strutture intrinseche, che possono essere identificate senza la necessità di una supervisione umana. In questo tipo di AI, un algoritmo di apprendimento automatico esplora i dati per identificare modelli, relazioni e strutture che non sono stati previamente notati. Questi modelli possono essere utilizzati per scopi di previsione, clustering, e segmentazione dei dati.

Un esempio comune di applicazione dell'AI non supervisionata è l'analisi dei dati in campo medico, dove i dati di genomi e profili metabolici possono essere analizzati per identificare correlazioni tra fattori di rischio e malattie. Inoltre, l'AI non supervisionata è spesso utilizzata nell'industria del marketing, per analizzare i dati dei clienti e identificare gruppi di clienti con simili comportamenti e preferenze.

L'AI non supervisionata è una forma di apprendimento automatico che è diventata sempre più importante negli ultimi anni, grazie alla grande quantità di dati disponibili in molti settori e alla necessità di trarre informazioni utili da questi dati.

Infine, abbiamo **l'Intelligenza Artificiale semi-supervisionata**, che utilizza una combinazione di dati etichettati e non etichettati per addestrare i modelli di apprendimento automatico. Questo tipo di AI è utilizzata in applicazioni in cui i dati etichettati sono costosi o difficili da ottenere.

L'Intelligenza Artificiale semi-supervisionata rappresenta una via di mezzo tra l'AI supervisionata e non supervisionata, utilizzando sia dati etichettati che non etichettati per l'addestramento dei modelli di apprendimento automatico. Questo approccio è particolarmente utile in situazioni in cui i dati etichettati sono costosi o difficili da ottenere, ma è comunque necessaria una certa quantità di informazioni per l'addestramento del modello.

Un esempio di applicazione dell'Intelligenza Artificiale semi-supervisionata è il riconoscimento delle immagini, dove un piccolo subset di immagini può essere etichettato manualmente, mentre il resto delle immagini viene utilizzato per l'addestramento non supervisionato. In questo modo, il modello di apprendimento automatico può imparare a riconoscere determinati pattern senza la necessità di etichettare manualmente tutte le immagini.

In generale, questa AI è una tecnica utile per migliorare l'efficienza e la precisione dell'addestramento dei modelli di apprendimento automatico, specialmente in situazioni in cui la disponibilità di dati etichettati è limitata.

In sintesi, la tipologia di Intelligenza Artificiale utilizzata dipende dall'applicazione specifica e dai dati disponibili. Tuttavia, l'AI sta diventando sempre più sofisticata e capace di apprendere in modo simile all'uomo, aprendo la strada a nuove applicazioni e innovazioni in diversi settori.

3. Applicazioni dell'Intelligenza Artificiale nel mondo reale

3.1 Intelligenza artificiale nel settore sanitario

3.1.A Diagnosi e cura delle malattie

Il settore sanitario è uno dei campi in cui l'Intelligenza Artificiale (AI) sta rivoluzionando il modo in cui vengono effettuate diagnosi e cure delle malattie. Grazie all'uso di algoritmi di apprendimento automatico, i sistemi di AI sono in grado di analizzare grandi quantità di dati medici e di identificare schemi e correlazioni al di là delle capacità umane.

In particolare, l'Intelligenza Artificiale è utilizzata per supportare i medici nella diagnosi di malattie, fornendo una seconda opinione ai professionisti della salute e consentendo loro di identificare sintomi e patologie in modo più accurato. Ciò è particolarmente importante per le malattie rare o complesse, dove la corretta diagnosi può richiedere anni di esperienza medica.

L'AI è anche utilizzata per migliorare la qualità delle cure mediche attraverso la personalizzazione delle terapie e dei trattamenti. Grazie all'analisi dei dati dei pazienti, l'Intelligenza Artificiale è in grado di identificare le esigenze individuali dei pazienti e di creare percorsi di cura personalizzati, aumentando l'efficacia dei trattamenti e riducendo gli effetti collaterali.

Inoltre, l'Intelligenza Artificiale sta rivoluzionando la ricerca medica, accelerando il processo di scoperta di nuovi farmaci e terapie. Grazie all'analisi dei dati, l'AI è in grado di identificare potenziali bersagli terapeutici, aiutando i ricercatori a sviluppare farmaci in modo più rapido ed efficiente.

In sintesi, l'Intelligenza Artificiale sta svolgendo un ruolo sempre più importante nel settore sanitario, fornendo soluzioni innovative per migliorare la diagnosi e la cura delle malattie e accelerare la ricerca medica. Tuttavia, è importante sottolineare che l'uso di tali tecnologie deve sempre essere supportato da regolamenti e normative adeguate a garantire la sicurezza e la protezione dei dati dei pazienti.

3.1.B Supporto ai medici e agli infermieri

L'Intelligenza Artificiale sta rivoluzionando il settore sanitario in molti modi, tra cui il supporto ai medici e agli infermieri nell'assistenza ai pazienti. Grazie alle tecniche di apprendimento automatico, l'AI può elaborare grandi quantità di dati medici e fornire raccomandazioni ai professionisti sanitari in modo più efficiente ed efficace.

L'Intelligenza Artificiale può anche aiutare i medici a prendere decisioni più informate e personalizzate per i pazienti. Ad esempio, l'AI può analizzare i dati del paziente e fornire una diagnosi più accurata, nonché una raccomandazione per il trattamento più efficace. Inoltre, l'AI può analizzare i dati dei pazienti e individuare eventuali anomalie, consentendo ai medici di intervenire in modo tempestivo per evitare complicanze o peggioramenti.

L'Intelligenza Artificiale può anche essere utilizzata per migliorare la comunicazione tra i professionisti sanitari e i pazienti. Grazie ai chatbot e ad altre applicazioni, i pazienti possono comunicare con i loro medici in modo più facile e immediato. Ciò può essere particolarmente utile per i pazienti che vivono in zone remote o che hanno difficoltà ad accedere alle cure mediche.

Inoltre, può aiutare gli operatori sanitari a monitorare i pazienti in modo continuo e a lungo termine. Ad esempio, l'AI può analizzare i dati dei sensori per monitorare i livelli di glucosio nel sangue dei pazienti con diabete, individuando eventuali anomalie e avvisando i medici in caso di problemi. Ciò può migliorare la qualità delle cure e ridurre i costi del sistema sanitario a lungo termine.

In definitiva, l'Intelligenza Artificiale può fornire un grande supporto ai medici e agli infermieri nel settore sanitario, migliorando la qualità delle cure e riducendo i costi a lungo termine. Tuttavia, è importante che l'uso dell'AI in questo campo sia regolamentato e attentamente monitorato per garantire la sicurezza dei pazienti e la qualità delle cure.

3.1.C Prevenzione e monitoraggio della salute

Negli ultimi anni, l'Intelligenza Artificiale (IA) sta rivoluzionando il settore sanitario, offrendo nuove opportunità per la prevenzione e il monitoraggio della salute. Grazie alle tecniche di apprendimento automatico, l'IA può analizzare grandi quantità di dati medici e fornire ai medici e ai ricercatori informazioni dettagliate e precise sulla salute dei pazienti.

Un'applicazione dell'IA nella prevenzione della salute è l'identificazione dei fattori di rischio per le malattie. I modelli di apprendimento automatico possono analizzare i dati sui pazienti, come l'età, il sesso, la storia familiare, lo stile di vita e altri fattori, per individuare i pazienti che hanno un rischio maggiore di sviluppare determinate malattie. Questo consente ai medici di identificare i pazienti che hanno bisogno di un monitoraggio più attento o di un intervento precoce per prevenire lo sviluppo della malattia.

Inoltre, l'IA può essere utilizzata per monitorare la salute dei pazienti. I sensori indossabili e altri dispositivi possono raccogliere dati sul battito cardiaco, la pressione sanguigna, i livelli di glucosio nel sangue e altri parametri vitali, che possono poi essere analizzati dall'IA per individuare eventuali anomalie o tendenze a lungo termine. Ciò consente ai medici di monitorare la salute dei pazienti in tempo reale e di intervenire in modo tempestivo in caso di problemi.

L'intelligenza artificiale può essere utilizzata anche per prevedere la probabilità che un paziente sviluppi determinate malattie o complicazioni in base ai suoi dati medici e alla sua storia clinica. Ciò consente ai medici di identificare i pazienti che hanno bisogno di un monitoraggio più attento e di pianificare interventi precoci per prevenire il peggioramento della loro salute.

Infine, l'IA può essere utilizzata per personalizzare i piani di trattamento dei pazienti. L'analisi dei dati medici dei pazienti può consentire ai medici di identificare i trattamenti che sono più efficaci per i pazienti con determinate condizioni mediche e di adattare i piani di trattamento in base alle esigenze specifiche di ogni paziente.

In conclusione, l'IA sta cambiando radicalmente il modo in cui i medici affrontano la prevenzione e il monitoraggio della salute dei pazienti. L'IA consente ai medici di analizzare grandi quantità di dati medici e di ottenere informazioni dettagliate e precise sulla salute dei pazienti, consentendo loro di identificare i pazienti ad alto rischio, di monitorare la salute dei pazienti in tempo reale, di

31

prevedere il rischio di complicazioni e di personalizzare i piani di trattamento dei pazienti. Ciò può portare a una migliore gestione della salute e a risultati migliori per i pazienti.

3.2 Intelligenza Artificiale nella Finanza

3.2.A Trading e investimenti

Nel settore finanziario, l'Intelligenza Artificiale sta giocando un ruolo sempre più importante nel trading e negli investimenti. Grazie alla grande quantità di dati finanziari disponibili, l'AI è in grado di identificare pattern e relazioni nei dati che sarebbero difficili da individuare per un trader o un analista umano.

L'AI viene utilizzata in diversi settori finanziari, dal trading ad alta frequenza alla gestione degli investimenti. Nel trading ad alta frequenza, gli algoritmi di Intelligenza Artificiale vengono utilizzati per analizzare i dati di mercato in tempo reale e per eseguire ordini di acquisto e vendita di titoli in modo automatico. In questo modo, le decisioni di trading possono essere prese in pochi millisecondi, permettendo ai trader di sfruttare le fluttuazioni del mercato in tempo reale.

Nella gestione degli investimenti, l'Intelligenza Artificiale viene utilizzata per aiutare i gestori di fondi a prendere decisioni di investimento più informate. Gli algoritmi di AI possono analizzare grandi quantità di dati finanziari e prevedere il futuro andamento dei mercati. Inoltre, l'AI può essere utilizzata per aiutare a costruire portafogli di investimento diversificati e a ridurre il rischio di investimento.

Tuttavia, l'utilizzo dell'Intelligenza Artificiale nel settore finanziario solleva anche questioni etiche e di sicurezza. In particolare, c'è il rischio che gli algoritmi di AI possano essere utilizzati per manipolare i mercati finanziari o per diffondere notizie false al fine di influenzare le decisioni di investimento. Inoltre, c'è il rischio che le decisioni di investimento basate sull'Intelligenza Artificiale possano essere influenzate da pregiudizi o da dati incompleti o inaccurati.

In definitiva, l'Intelligenza Artificiale sta rivoluzionando il settore finanziario, ma è importante che gli operatori del mercato mantengano la trasparenza e l'etica nella loro applicazione dell'AI per garantire che il trading e gli investimenti rimangano equi e affidabili per tutti gli investitori.

3.2.B Valutazione del rischio

La valutazione del rischio è un aspetto cruciale per qualsiasi attività finanziaria, dalle decisioni di investimento al prestito di denaro. In questo contesto, l'intelligenza artificiale ha dimostrato di avere un enorme potenziale nel migliorare l'accuratezza della valutazione del rischio e nel ridurre il rischio di errore umano.

L'AI è in grado di analizzare grandi quantità di dati e di identificare correlazioni e pattern che possono aiutare a prevedere il rischio finanziario. In particolare, i modelli di machine learning possono essere addestrati su dati storici per identificare le caratteristiche che sono associate a rischi elevati o a basso rischio. Questi modelli possono poi essere utilizzati per valutare il rischio di nuovi prestiti o investimenti.

Un altro vantaggio dell'utilizzo dell'AI nella valutazione del rischio è che i modelli possono essere costantemente aggiornati con nuovi dati e nuove informazioni. Ciò significa che i modelli possono migliorare continuamente la loro precisione e l'efficacia nel prevedere il rischio.

Tuttavia, c'è anche un lato negativo nell'utilizzo dell'AI nella valutazione del rischio finanziario. In particolare, l'uso di modelli di machine learning può rendere difficile comprendere il processo decisionale sottostante e la logica che porta a una determinata valutazione del rischio. Questo può portare a problemi di trasparenza e responsabilità, specialmente se i modelli producono risultati imprevisti o indesiderati.

Inoltre, l'AI non è immune da errori o problemi di bias. Se i dati utilizzati per addestrare i modelli di machine learning sono incompleti o non rappresentativi, i modelli possono produrre risultati sbagliati o discriminatori. Ciò può portare a decisioni finanziarie errate o ingiuste, e potrebbe avere effetti negativi sulla reputazione e sull'affidabilità delle istituzioni finanziarie.

In sintesi, l'intelligenza artificiale offre un grande potenziale per migliorare la valutazione del rischio finanziario, ma è importante utilizzarla in modo responsabile e trasparente. Gli sviluppatori di AI e gli istituti finanziari devono prestare molta attenzione alla qualità dei dati utilizzati per addestrare i modelli, assicurandosi che siano rappresentativi e completi. Inoltre, devono sviluppare modelli di machine learning che siano comprensibili e trasparenti, in modo che gli utenti possano comprendere la logica dietro le valutazioni del rischio e avere la possibilità di correggere eventuali errori o bias.

3.2.C Prevenzione delle frodi

L'intelligenza artificiale sta rapidamente rivoluzionando il settore finanziario, e uno dei suoi utilizzi più importanti è la prevenzione delle frodi. Grazie alle tecnologie di machine learning e di analisi dei dati, le banche e le altre istituzioni finanziarie sono in grado di identificare e prevenire le frodi in modo più efficace che mai.

La prevenzione delle frodi è cruciale per la stabilità del settore finanziario, poiché le frodi possono causare danni significativi sia ai clienti che alle istituzioni finanziarie stesse. Le frodi possono anche minare la fiducia dei consumatori nei servizi finanziari, portando a un calo delle attività economiche. Pertanto, l'utilizzo dell'intelligenza artificiale per prevenire le frodi è fondamentale per proteggere il settore finanziario e i suoi clienti.

L'Intelligenza artificiale può essere utilizzata per analizzare grandi quantità di dati finanziari e identificare eventuali anomalie o comportamenti sospetti. Grazie alla sua capacità di apprendimento automatico, l'AI può migliorare continuamente la sua capacità di rilevare le frodi e di adattarsi a nuove minacce. Inoltre, l'AI può analizzare i dati di transazione in tempo reale per identificare rapidamente eventuali attività sospette, consentendo alle istituzioni finanziarie di intervenire immediatamente e prevenire eventuali danni.

L'AI può anche aiutare a proteggere i clienti dalle frodi attraverso l'implementazione di sistemi di autenticazione più sicuri e avanzati. Ad esempio, i sistemi di riconoscimento vocale o di analisi biometrica possono essere utilizzati per verificare l'identità dei clienti e prevenire l'accesso non autorizzato ai loro account.

In definitiva, l'utilizzo dell'intelligenza artificiale nella prevenzione delle frodi nel settore finanziario è un'importante evoluzione tecnologica che sta contribuendo a garantire la sicurezza dei clienti e la stabilità delle istituzioni finanziarie. Tuttavia, è importante anche garantire che questi sistemi siano utilizzati in modo etico e responsabile, al fine di evitare eventuali abusi o violazioni della privacy dei clienti.

3.3 Intelligenza Artificiale nel settore dell'Energia

3.3.A Gestione delle reti elettriche

Il settore dell'energia è in continua evoluzione, e l'Intelligenza Artificiale sta rivoluzionando la gestione delle reti elettriche. L'obiettivo principale di questa applicazione è quello di garantire una fornitura di energia affidabile e sicura, in grado di soddisfare la domanda degli utenti finali.

L'Intelligenza Artificiale viene utilizzata per analizzare i dati provenienti dalle reti elettriche, compresi i dati sui consumi energetici degli utenti, i dati sulla generazione di energia e i dati sulla trasmissione e distribuzione dell'energia. Questi dati vengono analizzati per identificare modelli e tendenze, al fine di ottimizzare la gestione delle reti elettriche e di prevenire guasti o interruzioni di servizio.

In particolare, l'Intelligenza Artificiale viene utilizzata per la previsione della domanda di energia. Gli algoritmi di machine learning possono analizzare i dati storici sulla domanda di energia per prevedere la quantità di energia che verrà richiesta in futuro, in modo da garantire che la produzione di energia soddisfi la domanda prevista.

Inoltre, l'Intelligenza Artificiale viene utilizzata per ottimizzare la distribuzione dell'energia elettrica. Gli algoritmi di machine learning possono analizzare i dati provenienti dai sensori posti sulla rete elettrica per monitorare la situazione in tempo reale, individuare eventuali anomalie e segnalare la presenza di eventuali guasti. Ciò consente agli operatori di rete di intervenire tempestivamente per ripristinare il servizio e prevenire eventuali interruzioni di energia.

L'Intelligenza Artificiale può anche essere utilizzata per la pianificazione delle manutenzioni preventive. Analizzando i dati provenienti dalla rete elettrica, gli algoritmi di machine learning possono individuare le componenti che sono più a rischio di guasto e suggerire interventi di manutenzione preventiva per evitare eventuali problemi.

In conclusione, l'applicazione dell'Intelligenza Artificiale nel settore dell'energia sta rivoluzionando la gestione delle reti elettriche, garantendo una fornitura di energia affidabile e sicura e contribuendo a una maggiore efficienza nella produzione e distribuzione di energia.

3.3.B Riduzione del consumo energetico

L'Intelligenza Artificiale sta rivoluzionando anche il settore energetico, offrendo soluzioni innovative e sostenibili per ridurre il consumo energetico e migliorare l'efficienza delle reti elettriche.

Una delle principali applicazioni dell'AI nel settore energetico è la gestione delle reti elettriche. Le reti elettriche sono estremamente complesse e richiedono una pianificazione e un controllo costante per garantire una fornitura stabile ed efficiente di energia. L'AI può aiutare a monitorare e controllare le reti elettriche in tempo reale, prevedere i picchi di consumo e identificare eventuali problemi nelle reti prima che possano causare interruzioni di corrente.

Inoltre, l'AI può aiutare a ridurre il consumo energetico attraverso l'ottimizzazione dei processi e dei sistemi energetici. Ad esempio, l'AI può essere utilizzata per monitorare e analizzare il consumo energetico di edifici e strutture, identificando le aree in cui si verifica uno spreco di energia e fornendo soluzioni per migliorare l'efficienza energetica. Ciò non solo riduce i costi dell'energia, ma contribuisce anche a una riduzione dell'impatto ambientale.

L'intelligenza artificiale può essere anche utilizzata per migliorare la produzione e la distribuzione di energia rinnovabile. Le fonti di energia rinnovabile, come l'energia solare e l'energia eolica, possono essere imprevedibili e intermittenti, il che rende difficile la loro integrazione nelle reti elettriche tradizionali. L'AI può aiutare a monitorare e prevedere la produzione di energia rinnovabile, ottimizzando la loro integrazione nella rete elettrica.

In conclusione, l'Intelligenza Artificiale rappresenta una grande opportunità per il settore energetico, offrendo soluzioni innovative e sostenibili per la gestione delle reti elettriche e la riduzione del consumo energetico. L'adozione di tecnologie AI nel settore energetico è fondamentale per raggiungere gli obiettivi di sviluppo sostenibile e mitigare gli effetti del cambiamento climatico.

3.3.C Ottimizzazione delle risorse

L'Intelligenza Artificiale rappresenta una svolta tecnologica in molte industrie, tra cui il settore dell'energia. Grazie all'applicazione di tecniche avanzate di apprendimento automatico e di analisi dei dati, l'IA può contribuire a rendere l'industria dell'energia più efficiente e sostenibile.

Una delle principali applicazioni dell'IA nel settore dell'energia è la gestione delle reti elettriche. Le reti elettriche di tutto il mondo sono estremamente complesse, con milioni di utenti che utilizzano elettricità in modo variabile in base alle ore del giorno e ai picchi stagionali. Grazie all'IA, è possibile sviluppare modelli predittivi in grado di analizzare i dati di consumo energetico e prevedere la domanda futura, consentendo ai gestori della rete di programmare in modo più efficace la produzione e la distribuzione di energia.

L'AI può contribuire a ridurre il consumo energetico in modo significativo. Grazie all'analisi dei dati, è possibile identificare le aree in cui è possibile ridurre gli sprechi e ottimizzare l'uso delle risorse energetiche. Ad esempio, l'IA può aiutare a individuare i guasti in tempo reale e inviare i tecnici sul posto per risolverli, evitando sprechi di energia eccessivi e aumentando l'efficienza del sistema.

Inoltre, l'IA può contribuire all'ottimizzazione delle risorse energetiche. Grazie all'analisi dei dati di produzione e consumo, è possibile identificare le fonti energetiche più efficienti e sostenibili, consentendo alle aziende di scegliere le soluzioni energetiche migliori per soddisfare le proprie esigenze. Inoltre, l'IA può contribuire a sviluppare tecnologie di produzione energetica più efficienti e sostenibili, riducendo l'impatto ambientale e migliorando la sostenibilità a lungo termine.

In conclusione, l'IA rappresenta una svolta tecnologica nel settore dell'energia, consentendo alle aziende di gestire meglio le reti elettriche, ridurre il consumo energetico e ottimizzare l'uso delle risorse energetiche. Grazie all'applicazione dell'IA, è possibile costruire un futuro più sostenibile ed efficiente per tutti.

3.4 Intelligenza Artificiale nella Logistica e Trasporti

3.4.A Tracciabilità dei prodotti e degli ordini

La logistica e i trasporti sono settori cruciali nell'economia mondiale, e l'Intelligenza Artificiale può svolgere un ruolo fondamentale nell'ottimizzazione dei processi di tracciabilità dei prodotti e degli ordini. Grazie all'AI, è possibile raccogliere dati in tempo reale su ogni fase del processo logistico e di trasporto, dalla produzione al magazzino, dallo stoccaggio al trasporto, fino alla consegna al destinatario finale.

La tracciabilità dei prodotti e degli ordini è fondamentale per garantire la sicurezza e la qualità dei prodotti, nonché per aumentare l'efficienza e la velocità della catena di approvvigionamento. L'Intelligenza Artificiale può aiutare a migliorare la tracciabilità dei prodotti e degli ordini attraverso l'uso di tecnologie come il machine learning, il deep learning e la visione artificiale.

Ad esempio, l'Intelligenza Artificiale può essere utilizzata per monitorare costantemente il flusso dei prodotti e degli ordini attraverso l'analisi di dati in tempo reale. Questo permette di identificare potenziali problemi o ritardi nella catena di approvvigionamento, riducendo al minimo gli effetti negativi sulle tempistiche di consegna. Inoltre, l'AI può aiutare a prevedere la domanda di mercato in modo più preciso, aiutando i produttori a pianificare la produzione e l'approvvigionamento dei materiali in modo più efficiente.

L'Intelligenza Artificiale può inoltre essere utilizzata per migliorare la gestione delle flotte di trasporto. Grazie all'AI, è possibile analizzare i dati sui tempi di viaggio, i percorsi e il carico dei veicoli per ottimizzare la pianificazione dei percorsi e ridurre il consumo di carburante. Ciò si traduce in un risparmio di costi e una maggiore efficienza nel trasporto di merci.

In sintesi, l'Intelligenza Artificiale può aiutare a migliorare la tracciabilità dei prodotti e degli ordini nel settore della logistica e dei trasporti, aumentando l'efficienza e la velocità della catena di approvvigionamento. Ciò può avere un impatto positivo sull'economia globale, migliorando l'esperienza del cliente e riducendo i costi di produzione e di trasporto.

3.4.B Pianificazione e ottimizzazione delle spedizioni

L'Intelligenza Artificiale ha avuto un impatto significativo nel settore della logistica e dei trasporti, e uno dei principali ambiti di utilizzo è la pianificazione e ottimizzazione delle spedizioni. Grazie all'IA, è possibile effettuare una pianificazione ottimale delle rotte di consegna, riducendo il tempo e le risorse necessarie per il trasporto di beni e merci.

L'IA è in grado di analizzare i dati di traffico, le condizioni meteorologiche e altri fattori che possono influire sulla pianificazione delle spedizioni, e di utilizzare questi dati per creare percorsi di consegna più efficienti e sicuri. Ciò significa che le aziende di logistica possono ridurre i costi e migliorare la qualità del servizio, soddisfacendo al meglio le esigenze dei loro clienti.

Un altro vantaggio dell'utilizzo dell'IA nella pianificazione delle spedizioni è la possibilità di prevedere in anticipo eventuali problemi o ritardi che potrebbero verificarsi lungo la strada. Grazie all'analisi dei dati storici e alla capacità di apprendimento automatico, i sistemi di IA sono in grado di identificare eventuali rischi potenziali e di creare un piano alternativo per garantire che le spedizioni arriveranno a destinazione nei tempi previsti.

Inoltre, l'IA può aiutare a ottimizzare la gestione delle risorse, ad esempio fornendo informazioni sulla disponibilità dei veicoli, sulle condizioni degli pneumatici e sul consumo di carburante. Ciò consente alle aziende di logistica di gestire meglio i loro asset, riducendo i costi di manutenzione e migliorando l'efficienza operativa.

In definitiva, l'IA sta rivoluzionando il settore della logistica e dei trasporti, consentendo alle aziende di migliorare la qualità del servizio, ridurre i costi e gestire meglio le loro risorse. Grazie alla capacità di analizzare e utilizzare grandi quantità di dati in tempo reale, l'IA è in grado di creare soluzioni di pianificazione delle spedizioni sempre più intelligenti, efficienti e personalizzate.

3.4.C Gestione delle flotte di veicoli autonomi

Nel settore della logistica e dei trasporti, l'Intelligenza Artificiale sta rapidamente diventando un elemento chiave per l'automazione e l'ottimizzazione dei processi. In particolare, la gestione delle flotte di veicoli autonomi sta diventando un'area di grande interesse, poiché l'automazione dei veicoli offre il potenziale per aumentare l'efficienza e ridurre i costi, mentre la sicurezza stradale viene migliorata.

Gli algoritmi di Intelligenza Artificiale possono essere utilizzati per gestire le flotte di veicoli autonomi, in modo da ottimizzare i percorsi di consegna, pianificare la manutenzione dei veicoli e prevenire guasti e malfunzionamenti. Grazie all'uso di sensori, telecamere e altri dispositivi, i veicoli possono raccogliere dati sui loro ambienti e sulle condizioni della strada, e utilizzare questi dati per adattare la loro guida in tempo reale.

L'Intelligenza Artificiale può anche aiutare a migliorare la sicurezza stradale, riducendo il numero di incidenti e migliorando la capacità di prevenire le collisioni. I veicoli autonomi sono in grado di utilizzare i dati dei sensori e delle telecamere per evitare gli ostacoli e le collisioni, e per rilevare eventuali anomalie nelle condizioni della strada.

Inoltre, l'Intelligenza Artificiale può essere utilizzata per ottimizzare la gestione delle flotte di veicoli, ad esempio per pianificare le rotte in modo da minimizzare i tempi di percorrenza e i costi di carburante. Questo può essere particolarmente utile per le aziende di trasporto e logistica, che devono gestire grandi flotte di veicoli e soddisfare le esigenze dei clienti.

In sintesi, l'uso dell'Intelligenza Artificiale nella gestione delle flotte di veicoli autonomi offre numerosi vantaggi per il settore della logistica e dei trasporti, tra cui l'ottimizzazione dei processi, la riduzione dei costi, l'aumento della sicurezza stradale e la miglior gestione delle risorse. Inoltre, l'Intelligenza Artificiale offre un'opportunità per migliorare l'esperienza dei clienti, grazie a consegne più veloci e precise.

3.5 Intelligenza Artificiale nel settore Manifatturiero

3.5.A Produzione automatizzata

Nel settore manifatturiero, l'Intelligenza Artificiale sta rivoluzionando la produzione industriale grazie alla sua capacità di automatizzare i processi e di ottimizzare l'efficienza delle catene di produzione. La produzione automatizzata, infatti, permette di ridurre i costi di produzione, migliorare la qualità dei prodotti e aumentare la produttività.

L'uso dell'Intelligenza Artificiale nella produzione industriale richiede una grande quantità di dati, che vengono raccolti e analizzati attraverso sistemi di sensori e di analisi dati. Grazie a questi strumenti, è possibile monitorare costantemente la produzione, rilevare eventuali problemi o malfunzionamenti, prevedere le esigenze di manutenzione e anticipare le richieste dei clienti.

L'automazione della produzione industriale permette inoltre di ridurre il rischio di errori umani e di garantire la coerenza e la precisione dei prodotti, migliorando la loro qualità. Questo è particolarmente importante nei settori ad alta precisione, come quello aerospaziale o quello medico, dove anche il minimo errore può avere gravi conseguenze.

Inoltre, l'Intelligenza Artificiale può aiutare le aziende a risparmiare tempo e denaro attraverso la riduzione dei tempi di attesa, l'ottimizzazione delle attività e la riduzione dei costi di produzione. Tutto ciò può contribuire a migliorare la competitività delle aziende nel mercato globale, favorendo la creazione di nuovi posti di lavoro e il miglioramento delle condizioni economiche.

In sintesi, l'Intelligenza Artificiale nella produzione industriale rappresenta un grande potenziale per il settore manifatturiero, consentendo di migliorare la qualità dei prodotti, aumentare la produttività e ridurre i costi di produzione. Questo può avere un impatto positivo sulla competitività delle aziende e sullo sviluppo economico.

3.5.B Controllo della qualità

L'intelligenza artificiale ha trasformato il settore manifatturiero, rendendolo più efficiente ed efficace. In particolare, l'AI è stata utilizzata per il controllo della qualità dei prodotti, che è diventato uno degli aspetti più importanti per soddisfare i clienti e garantire il successo delle imprese.

L'utilizzo dell'IA nel controllo della qualità consente alle aziende di rilevare difetti, errori e problemi di produzione in modo più rapido ed efficiente. Ciò significa che le imprese possono identificare e correggere i problemi prima che i prodotti vengano consegnati ai clienti, riducendo così i costi e migliorando la soddisfazione del cliente.

Le tecnologie di intelligenza artificiale utilizzate nel controllo della qualità includono la visione artificiale, la robotica e l'apprendimento automatico. La visione artificiale consente alle macchine di analizzare le immagini dei prodotti e identificare eventuali difetti o problemi. La robotica può essere utilizzata per ispezionare i prodotti e controllare la qualità, mentre l'apprendimento automatico consente alle macchine di apprendere dai dati per identificare i difetti in modo sempre più preciso.

Tuttavia, l'utilizzo dell'IA nel controllo della qualità ha sollevato alcune preoccupazioni, in particolare riguardo alla sostituzione dei lavoratori umani con macchine. Inoltre, il controllo della qualità attraverso l'IA richiede l'utilizzo di dati e algoritmi precisi e affidabili, il che solleva questioni etiche e di responsabilità.

L'intelligenza artificiale può migliorare significativamente il controllo della qualità nel settore manifatturiero e portare a prodotti di alta qualità e soddisfazione del cliente. In definitiva, l'AI rappresenta un potente strumento per le aziende che cercano di migliorare la qualità dei propri prodotti e rimanere competitive in un mercato sempre più esigente.

3.5.C Gestione degli stock

L'Intelligenza Artificiale (IA) ha dimostrato di essere una tecnologia estremamente utile nel settore manifatturiero, migliorando l'efficienza, la qualità e la produttività complessiva delle fabbriche. Un aspetto cruciale dell'industria manifatturiera è la gestione degli stock, ovvero l'organizzazione e il controllo delle scorte di materiali e prodotti finiti. La gestione degli stock richiede un equilibrio delicato tra il mantenimento di livelli sufficienti di materie prime e prodotti finiti e la minimizzazione degli sprechi e dei costi di stoccaggio.

L'IA può aiutare le aziende manifatturiere a raggiungere questo equilibrio ottimale fornendo previsioni precise sulla domanda e sulle tendenze di mercato. Gli algoritmi di machine learning possono analizzare grandi quantità di dati storici sulla domanda di prodotti e prevedere la domanda futura in modo accurato. Inoltre, l'IA può aiutare le aziende a identificare le tendenze del mercato in tempo reale, analizzando i dati delle vendite e dei feedback dei clienti sui social media e su altre piattaforme.

Oltre a fornire previsioni sulla domanda futura, l'IA può anche migliorare la precisione e l'efficienza degli ordini di acquisto e della gestione degli stock. Gli algoritmi di IA possono monitorare costantemente gli stock di magazzino e prevedere quando sarà necessario riordinare le materie prime o i prodotti finiti. In questo modo, le aziende possono evitare il rischio di scorte eccessive o insufficienti, che potrebbero portare a costi aggiuntivi o ritardi nella produzione.

L'intelligenza artificiale può ottimizzare la distribuzione degli stock tra diversi magazzini e stabilimenti di produzione, analizzando i dati sulla disponibilità delle materie prime e dei prodotti finiti in diversi luoghi e suggerendo la distribuzione più efficiente per soddisfare la domanda del mercato.

Inoltre, l'IA può anche contribuire a migliorare la trasparenza e l'efficienza della supply chain, fornendo informazioni in tempo reale sulla posizione e lo stato degli stock e dei trasporti. Ciò consente alle aziende di monitorare costantemente la loro supply chain e di intervenire rapidamente in caso di ritardi o altri problemi.

In sintesi, l'IA può essere un potente strumento per migliorare la gestione degli stock nel settore manifatturiero, consentendo alle aziende di soddisfare la domanda del mercato in modo efficiente ed economico. Tuttavia, è importante ricordare che l'IA non sostituirà completamente le decisioni e le competenze umane nella gestione degli stock, ma piuttosto le integrerà e le supporterà.

4. Impatti sociali ed etici dell'intelligenza artificiale

4.1 Impatti sull'occupazione

4.1.A Automazione dei lavori umani

L'automazione dei lavori umani è un tema caldo nel dibattito sull'intelligenza artificiale. Sebbene l'introduzione di sistemi intelligenti abbia portato a una maggiore efficienza, velocità e precisione in molti processi produttivi e amministrativi, questa innovazione ha anche creato una certa preoccupazione riguardo all'effetto che avrà sulla forza lavoro.

Molti temono che l'adozione di soluzioni di automazione porterà alla perdita di posti di lavoro, specialmente in settori dove il lavoro manuale è stato storicamente importante, come la produzione manifatturiera e l'agricoltura. Sebbene ci sia un dibattito in corso sulla portata effettiva dell'automazione sui posti di lavoro, è innegabile che alcune professioni stiano già vedendo una diminuzione della richiesta, a favore di processi automatizzati.

Tuttavia, sarebbe sbagliato vedere solo gli impatti negativi dell'automazione sulla forza lavoro. Se da un lato, infatti, l'introduzione di soluzioni di automazione può portare alla riduzione di posti di lavoro, dall'altro può anche creare nuove opportunità di lavoro e di carriera, in settori come la robotica, la manutenzione di robot e sistemi automatizzati, la programmazione e l'analisi dei dati.

Inoltre, l'automazione può anche avere un effetto positivo sulla salute e la sicurezza dei lavoratori, riducendo il rischio di incidenti sul lavoro. Inoltre, può aiutare le aziende a produrre prodotti di qualità superiore, riducendo al minimo gli errori e le inefficienze che possono verificarsi quando i processi vengono eseguiti manualmente.

Per garantire che l'automazione porti benefici effettivi per la società, tuttavia, è importante che i governi e le organizzazioni considerino attentamente i suoi impatti sociali ed economici, e agiscano di conseguenza. Ci sono molte domande importanti da considerare, come la necessità di fornire nuove opportunità di formazione e di riqualificazione per i lavoratori che perderanno il loro impiego a causa dell'automazione, la questione di come garantire un'equa distribuzione dei benefici dell'automazione, e la necessità di garantire che l'automazione non porti a un aumento delle disuguaglianze economiche.

In conclusione, l'automazione dei lavori umani è un fenomeno che deve essere affrontato con attenzione e responsabilità. Sebbene possa portare a cambiamenti significativi nell'occupazione e nella produzione, è importante considerare i suoi impatti a lungo termine sulla società e sul benessere umano, e adottare misure che permettano di massimizzare i suoi benefici e minimizzare i suoi effetti negativi. Solo attraverso un dialogo aperto e continuo tra governi, organizzazioni e cittadini, sarà possibile garantire che l'introduzione dell'automazione sia utile e sostenibile per tutti.

4.1.B Nuove opportunità di lavoro

La diffusione dell'intelligenza artificiale nel mondo del lavoro sta già cambiando il modo in cui le aziende operano e le persone lavorano. Mentre l'automazione di alcuni lavori umani può essere fonte di preoccupazione, l'intelligenza artificiale offre anche nuove opportunità di lavoro.

Innanzitutto, l'intelligenza artificiale ha il potenziale di creare nuovi lavori in diversi settori. Ad esempio, il crescente utilizzo dell'intelligenza artificiale nel settore sanitario richiederà esperti in intelligenza artificiale in grado di sviluppare e implementare tecnologie mediche avanzate. Allo stesso modo, l'espansione dell'intelligenza artificiale nell'industria manifatturiera richiederà ingegneri specializzati in automazione e controllo di processi.

Inoltre, l'intelligenza artificiale offre anche nuove opportunità per la formazione e l'aggiornamento delle competenze dei lavoratori. Le tecnologie di apprendimento automatico possono aiutare i dipendenti a migliorare le loro competenze e adattarsi alle nuove sfide del mondo del lavoro.

Tuttavia, l'introduzione dell'intelligenza artificiale nel mondo del lavoro può anche esacerbare le disuguaglianze sociali ed economiche. Ad esempio, se la tecnologia sostituisce i lavoratori meno qualificati, potrebbe essere necessario fornire una formazione aggiuntiva per garantire che questi lavoratori possano trovare occupazione in altri settori.

Inoltre, l'adozione dell'intelligenza artificiale potrebbe portare a una maggiore polarizzazione tra i lavoratori altamente qualificati e quelli meno qualificati. I lavoratori altamente qualificati in grado di sviluppare, implementare e gestire l'intelligenza artificiale avranno maggiori opportunità di lavoro e di guadagno rispetto a quelli meno qualificati.

Per mitigare questi potenziali impatti negativi, è importante che i governi e le aziende lavorino insieme per garantire che l'introduzione dell'intelligenza artificiale sia accompagnata da politiche e programmi di formazione adeguati.

È importante che l'intelligenza artificiale venga utilizzata in modo responsabile, rispettando i diritti dei lavoratori e promuovendo l'uguaglianza di opportunità. Solo attraverso un approccio etico e responsabile all'intelligenza artificiale, possiamo garantire che la tecnologia continui a offrire opportunità e vantaggi per tutti.

4.2 Impatti sulla privacy e la sicurezza

4.2.A Raccolta e utilizzo dei dati personali

L'intelligenza artificiale ha aperto nuove possibilità e prospettive per la società, come abbiamo visto nella sezione precedente, tuttavia, il suo utilizzo non è privo di rischi e potenziali effetti collaterali. Uno degli aspetti critici dell'uso dell'intelligenza artificiale riguarda la privacy e la sicurezza dei dati personali.

L'intelligenza artificiale è in grado di raccogliere, analizzare e utilizzare grandi quantità di dati personali, spesso senza che l'utente sia pienamente consapevole di ciò che sta accadendo. Questo processo di raccolta dati può essere svolto attraverso diverse modalità, come ad esempio l'utilizzo di sensori, fotocamere, microfoni, ma anche tramite la tracciatura dei comportamenti online, la localizzazione dei dispositivi mobili e così via.

Sebbene la raccolta dei dati possa essere utile per migliorare le prestazioni dell'intelligenza artificiale e delle applicazioni che la utilizzano, questa pratica solleva diverse preoccupazioni in merito alla privacy e alla sicurezza dei dati personali. In particolare, le aziende che utilizzano l'intelligenza artificiale possono essere in grado di accedere a informazioni altamente sensibili, come ad esempio i dati relativi alla salute, alle preferenze sessuali, alle opinioni politiche e religiose degli utenti. Queste informazioni, se in mano a persone o organizzazioni non autorizzate, potrebbero essere utilizzate per scopi illeciti, come ad esempio la discriminazione, il ricatto, il furto di identità e così via.

Inoltre, l'intelligenza artificiale stessa potrebbe rappresentare una minaccia per la sicurezza dei dati personali, poiché i sistemi possono essere vulnerabili agli attacchi informatici, alla manipolazione dei dati o alla perdita accidentale dei dati. Questi rischi devono essere affrontati con cautela e soluzioni appropriate per garantire la protezione dei dati personali degli utenti.

In definitiva, l'uso dell'intelligenza artificiale deve essere guidato da una forte attenzione alla protezione della privacy e della sicurezza dei dati personali. Le aziende che utilizzano l'intelligenza artificiale devono impegnarsi a rispettare le leggi sulla privacy e ad adottare le misure di sicurezza adeguate per proteggere i dati personali degli utenti. Allo stesso tempo, gli utenti devono essere consapevoli dei rischi legati alla raccolta dei dati personali e adottare le misure di sicurezza necessarie per proteggere la propria privacy. Solo in questo modo l'intelligenza artificiale potrà rappresentare un'opportunità positiva per la società, senza minacciare la privacy e la sicurezza degli utenti.

4.2.B Minaccia degli attacchi informatici

L'avvento dell'Intelligenza Artificiale sta cambiando il mondo in cui viviamo in molti modi, tra cui quello della sicurezza informatica. Mentre l'uso dell'Intelligenza Artificiale sta offrendo innumerevoli vantaggi, l'interconnessione globale delle reti di computer significa che il mondo è sempre più vulnerabile agli attacchi informatici.

L'Intelligenza Artificiale può essere utilizzata sia per proteggere contro gli attacchi informatici che per perpetrarli. Gli hacker utilizzano spesso l'IA per individuare vulnerabilità nella sicurezza informatica e per creare attacchi sofisticati, mentre le aziende utilizzano l'IA per proteggere i propri sistemi e individuare le minacce in tempo reale.

La sicurezza informatica è una preoccupazione sempre maggiore per le aziende e i governi, in quanto un attacco informatico può causare danni irreparabili. L'Intelligenza Artificiale sta giocando un ruolo importante nel proteggere contro gli attacchi informatici e nell'identificare e rispondere alle minacce in modo più rapido ed efficiente.

Tuttavia, l'uso dell'IA nella sicurezza informatica solleva anche questioni etiche importanti. Ad esempio, la raccolta di grandi quantità di dati personali per l'analisi e la prevenzione degli attacchi informatici può violare la privacy dei singoli individui. Inoltre, l'IA può essere utilizzata per creare attacchi ancora più sofisticati e pericolosi, il che solleva preoccupazioni sulla responsabilità e l'accountability.

In conclusione, mentre l'Intelligenza Artificiale sta migliorando la sicurezza informatica in molti modi, è importante considerare gli impatti sociali ed etici delle sue applicazioni in questo campo. La protezione della privacy e la prevenzione degli attacchi informatici sono entrambe questioni di importanza cruciale, e l'uso dell'IA nella sicurezza informatica deve essere bilanciato con un attento esame di tali questioni.

4.3 Impatti sulla società e la cultura

4.3.A Cambiamenti nel modo di vivere e lavorare

L'intelligenza artificiale rappresenta un grande passo avanti per l'umanità, ma come ogni novità, comporta cambiamenti e sfide. Tra i maggiori impatti sociali ed etici dell'intelligenza artificiale, troviamo la sua influenza sulla società e sulla cultura. Il modo in cui viviamo e lavoriamo sta cambiando radicalmente, e l'intelligenza artificiale gioca un ruolo fondamentale in questo processo.

Uno dei cambiamenti più evidenti è la crescente automazione di molti processi lavorativi, che può avere implicazioni sia positive che negative sulla società. Da un lato, l'intelligenza artificiale può aumentare la produttività e liberare gli esseri umani da lavori ripetitivi e pericolosi. Dall'altro, però, ciò potrebbe portare a una riduzione del lavoro umano e creare una crescente disoccupazione.

Inoltre, l'intelligenza artificiale sta cambiando il modo in cui le persone interagiscono tra loro, non solo sul posto di lavoro ma anche nella vita quotidiana. Ad esempio, i chatbot e gli assistenti vocali stanno diventando sempre più comuni e possono facilitare molte attività, ma potrebbero anche ridurre la necessità di interagire con altre persone. Ciò potrebbe portare a un ulteriore isolamento sociale e culturale.

Infine, l'intelligenza artificiale sta influenzando anche il modo in cui le persone pensano e apprendono. La ricerca mostra che l'uso eccessivo di tecnologie basate sull'IA può ridurre la nostra capacità di pensare in modo critico e creativo. Inoltre, l'IA sta cambiando il modo in cui apprendiamo, poiché ora possiamo accedere a una quantità enorme di informazioni in pochi secondi, ma allo stesso tempo potremmo diventare dipendenti da questa fonte di conoscenza e perdere la capacità di apprendere in modo indipendente.

In sintesi, l'intelligenza artificiale rappresenta un grande passo avanti per l'umanità, ma è importante riconoscere gli impatti sociali ed etici che essa può avere sulla società e sulla cultura. L'intelligenza artificiale sta cambiando il modo in cui viviamo e lavoriamo, e dobbiamo affrontare questi cambiamenti in modo responsabile e consapevole, per garantire un futuro sostenibile e armonioso per tutti.

4.3.B Riflessioni sull'essere umani e sulla tecnologia

L'intelligenza artificiale è una tecnologia che, nonostante sia ancora in fase di sviluppo, sta già influenzando in modo significativo la società e la cultura in cui viviamo. Mentre le sue applicazioni hanno il potenziale di migliorare la qualità della vita umana, è anche importante riflettere sulle implicazioni etiche e sociali dell'utilizzo dell'IA.

Una delle principali questioni che si pongono riguarda la definizione stessa di cosa significhi essere umani. L'IA è in grado di svolgere molte attività che un tempo erano riservate esclusivamente agli esseri umani, come il riconoscimento delle immagini e del linguaggio naturale. Tuttavia, questa capacità non fa sì che le macchine diventino esseri umani. L'essere umano ha una complessità che va oltre la razionalità, come la capacità di provare emozioni, la creatività e la capacità di esprimere giudizi etici.

L'IA ha anche l'effetto di ridurre la necessità di lavoro manuale e ripetitivo, aprendo al contempo nuove opportunità di lavoro. Questo potrebbe avere un impatto significativo sulla cultura del lavoro e sulla distribuzione della ricchezza nella società. Siamo chiamati a riflettere sul modo in cui la tecnologia sta influenzando la nostra vita e a garantire che i benefici dell'IA siano distribuiti in modo equo.

Inoltre, è importante considerare la sicurezza e la privacy nell'utilizzo dell'IA. Molti dei dati raccolti dalle tecnologie dell'IA sono di natura personale e potrebbero essere utilizzati per scopi diversi da quelli previsti. Inoltre, l'IA potrebbe essere soggetta ad attacchi informatici da parte di individui o organizzazioni malintenzionate, mettendo a rischio i dati personali delle persone.

In sintesi, l'utilizzo dell'IA sta avendo un impatto significativo sulla società e sulla cultura, e dobbiamo assicurarci che l'implementazione di questa tecnologia avvenga in modo responsabile ed equo. È necessario continuare a riflettere sull'essenza dell'essere umani e sui valori etici fondamentali che ci guidano. Solo così potremo garantire un futuro sostenibile per le generazioni future.

5. Usi pratici dell'AI

5.1 Utilizza l'AI nel tuo business: esempi concreti

L'Intelligenza Artificiale (AI) è una tecnologia incredibilmente potente che può apportare numerosi vantaggi per qualsiasi azienda. Sia che tu stia cercando di aumentare l'efficienza, migliorare la produttività o creare un'esperienza utente più coinvolgente, l'AI può essere una soluzione utile.

Ci sono molte aziende che stanno già utilizzando l'AI per migliorare i loro processi e ottenere risultati migliori. Ad esempio, una banca potrebbe utilizzare l'AI per identificare frodi nelle transazioni, mentre una catena di negozi potrebbe utilizzare l'AI per analizzare i dati delle vendite e previsioni di domanda in modo da poter ottimizzare le operazioni. Inoltre, l'AI è sempre più utilizzata per migliorare l'esperienza utente, come ad esempio l'assistenza virtuale ai clienti.

Ma quali sono gli utilizzi concreti dell'AI nel business? Ecco alcuni esempi:

1) *Marketing e pubblicità:* L'AI può essere utilizzata per analizzare i dati delle campagne pubblicitarie e

dei social media per ottenere una migliore comprensione dell'audience e migliorare la precisione delle offerte pubblicitarie.

2) **_Produzione e logistica_**: L'AI può aiutare a ottimizzare la catena di produzione e di fornitura, analizzando dati come il tempo di produzione, i costi di trasporto e le esigenze del cliente. Inoltre, può essere utilizzata per la pianificazione e l'ottimizzazione delle spedizioni.

3) **_Customer Service_**: L'AI viene utilizzata per migliorare l'esperienza del cliente attraverso chatbot e assistenti virtuali. Ad esempio, le aziende utilizzano chatbot alimentati da AI per rispondere alle domande dei clienti in modo tempestivo e per aiutare i clienti a risolvere i loro problemi in modo efficiente.

4) **_Automazione delle attività ripetitive_**: L'AI viene utilizzata per l'automazione delle attività ripetitive, come la gestione delle e-mail e la pianificazione delle riunioni. Ad esempio, gli assistenti virtuali possono gestire le e-mail in arrivo e aiutare a pianificare le riunioni senza che gli esseri umani debbano dedicare tempo a queste attività.

5) **_Automazione dei processi di produzione:_** l'AI può essere utilizzata per automatizzare le fasi di produzione riducendo al minimo gli errori umani e aumentando l'efficienza complessiva.

6) **_Analisi predittiva del mercato:_** l'AI può essere utilizzata per analizzare i dati storici del mercato e prevedere le tendenze future, consentendo alle aziende di prendere decisioni strategiche più informate.

7) **_Ottimizzazione dei prezzi_**: l'AI può essere utilizzata per analizzare i dati sui prezzi del mercato e consigliare prezzi ottimali per i prodotti e servizi dell'azienda.

8) **_Rilevamento delle frodi:_** l'AI può essere utilizzata per rilevare e prevenire frodi in tempo reale, proteggendo l'azienda e i suoi clienti.

9) **_Automazione della contabilità_**: l'AI può essere utilizzata per automatizzare le attività contabili, come la generazione di fatture e la gestione delle spese.

10) *Gestione del rischio*: l'AI può essere utilizzata per analizzare i dati sulla sicurezza e prevedere le possibili minacce, riducendo il rischio per l'azienda.

11) *Analisi dei dati:* l'AI può essere utilizzata per analizzare grandi quantità di dati, rivelando informazioni utili che altrimenti potrebbero passare inosservate.

12) *Pianificazione delle risorse aziendali*: l'AI può essere utilizzata per ottimizzare l'allocazione delle risorse aziendali, come la manodopera, i materiali e il tempo.

13) *Ricerca e sviluppo*: l'AI può essere utilizzata per accelerare la ricerca e lo sviluppo di nuovi prodotti e servizi, riducendo i costi e il tempo necessario per portare un nuovo prodotto sul mercato.

14) *Automazione del supporto IT*: l'AI può essere utilizzata per automatizzare i processi di supporto IT, come la risoluzione di problemi tecnici e l'implementazione di nuovi software.

15) *Monitoraggio dei social media*: l'AI può essere utilizzata per monitorare i social media e prevedere le tendenze di mercato, migliorando la reputazione dell'azienda.

16) **_Previsione della domanda_**: l'AI può essere utilizzata per prevedere la domanda di prodotti e servizi, consentendo alle aziende di pianificare la produzione e l'inventario di conseguenza.

17) **_Automazione dei processi di assunzione_**: l'AI può essere utilizzata per automatizzare i processi di assunzione, come la selezione dei candidati e l'organizzazione dei colloqui.

18) **_Assistenza sanitaria_**: L'AI viene utilizzata per l'analisi dei dati sanitari e per la diagnosi di malattie. Ad esempio, i medici possono utilizzare l'AI per analizzare i dati dei pazienti e fornire diagnosi più accurate. L'AI può anche aiutare a identificare pazienti a rischio e a sviluppare piani di trattamento personalizzati.

19) **_Controllo della qualità_**: L'AI viene utilizzata per migliorare il controllo della qualità dei prodotti. Ad esempio, l'AI può essere utilizzata per analizzare le immagini dei prodotti e per identificare eventuali difetti o problemi di qualità.

20) *Assistenza nell'industria editoriale*: Gli autori di libri o articoli possono utilizzare l'AI per migliorare la loro scrittura e la qualità del loro contenuto. Ci sono software di scrittura che utilizzano l'AI per fornire suggerimenti sulla struttura, la grammatica e lo stile di un testo, nonché sull'utilizzo di parole chiave e di frasi efficaci per aumentare la sua visibilità sui motori di ricerca. In questo modo, gli autori possono utilizzare l'AI per aumentare la loro efficienza, migliorare la loro scrittura e aumentare la loro visibilità sul mercato editoriale

Come si può vedere, ci sono molte applicazioni dell'AI nel business, e i benefici possono essere enormi.

Ma non è solo una questione di implementazione tecnologica: è importante anche avere una mentalità aperta e flessibile per adattarsi alle nuove sfide che l'AI potrebbe presentare.

Con la giusta mentalità e la giusta tecnologia, qualsiasi azienda può trarre vantaggio dall'AI e ottenere risultati eccezionali.

5.2 Come monetizzare con l'AI: 5 esempi pratici

In questo capitolo vorrei mostrarti 5 esempi concreti di business che possono essere avviati oggi utilizzando l'AI per monetizzare subito:

1) ***Creazione di contenuti Video***: esistono in commercio diversi software di AI che creano dei video a partire da un testo. Il video è creato automaticamente e in maniera unica, senza violazioni di copyright. Questo stesso video può poi essere caricato su qualsiasi piattaforma streaming e per renderlo monetizzabile. In commercio esistono anche software di AI che creano un Avatar digitale che "legge" il testo da te scritto. In questo modo puoi produrre i tuoi contenuti senza dover neanche dover mostrare il tuo volto. Entrambi gli esempi sono oggi molto utilizzati dai Content Creator e possono aiutarti a monetizzare con l'AI in qualsiasi momento e senza grossi investimenti.

2) ***Creazione di contenuti Testo:*** esistono in commercio diversi software di AI che producono dei contenuti testuali a partire da parole chiave. Grazie a questi "assistenti virtuali" hai la possibilità di farti produrre il testo direttamente da loro. Blog,

Articoli, o persino parti di libri possono essere prodotti direttamente da questi software. Basterà un controllo manuale per evitare errori grammaticali (o ridondanze) e potrai subito monetizzare vendendo questi contenuti.

3) ***Arte e Musica***: esistono in commercio diversi software di AI che producono dei contenuti Immagini e Audio a partire da un testo. Grazie a questi software hai la possibilità di creare contenuti unici e che non violano nessun diritto d'autore. Una volta dato un comando in inpunt, il software risponderà come output delle immagini e/o degli audio create completamente da zero, in pochissimi secondi. Questi contenuti prodotti possono essere monetizzati utilizzando Marketplace del caso.

4) ***Scrittura di codice***: esistono in commercio diversi software di AI che aiutano i programmatori a scrivere il codice delle applicazioni e/o correggere gli script che stiamo scrivendo. In software avanzati, l'AI crea direttamente gli script richiesti una volta date le giuste informazioni come input. In questo modo qualsiasi persona può "trasformarsi" in un programmatore e sviluppare qualsiasi tipo di applicazione. L'unico limite è l'immaginazione. Una volta creato uno script e/o un software, sarà possibile monetizzarlo vendendolo.

5) *Traduzione*: esistono in commercio diversi software di AI che traducono i testi in maniera automatica ed immediata, senza dover specificare le lingue di coinvolte. Questi software sono in grado di riconoscere la lingua in input e produrre il risultato tradotto nell'ordine di millisecondi. Queste traduzioni sono estremamente precise e coerenti con quanto richiesto. Ad oggi è ancora molto alta la richiesta per Traduttori e potresti utilizzare i tool di AI per farti tradurre i testi e monetizzarli.

In conclusione, l'Intelligenza Artificiale sta rivoluzionando il mondo degli affari e aprendo nuove opportunità di guadagno per coloro che sono pronti a sfruttarle. I nostri esempi mostrano come diverse aziende stanno già monetizzando grazie all'utilizzo dell'AI, dimostrando che non si tratta più solo di una promessa futuristica ma di una realtà concreta che si sta diffondendo sempre più velocemente.

In un mondo in continua evoluzione, dove l'AI sta diventando sempre più centrale, chi sa sfruttare questa tecnologia ha la possibilità di distinguersi e di avere successo.

Quindi, non avere paura di sperimentare e di abbracciare l'Intelligenza Artificiale come alleato nel tuo percorso imprenditoriale, perché potrebbe essere la chiave per aprire nuove porte e raggiungere il successo che meriti.

6. Conclusioni

6.1 Sintesi degli argomenti

Dopo aver esplorato il vasto mondo dell'Intelligenza Artificiale e dei suoi molteplici utilizzi, ci rendiamo conto di come questa tecnologia stia rapidamente diventando un pilastro fondamentale per la trasformazione del nostro mondo. Dalle applicazioni più semplici, come l'assistenza vocale sul tuo smartphone, fino ai settori più complessi come la medicina e la produzione industriale, l'IA è diventata una forza motrice per l'innovazione e il cambiamento.

Tuttavia, come abbiamo visto, l'Intelligenza Artificiale presenta anche sfide sociali, etiche e legali importanti che richiedono attenzione e risposte ponderate da parte della società e dei suoi leader. Le implicazioni sul posto di lavoro, la privacy, la sicurezza dei dati e l'impatto sulla cultura e la società richiedono una riflessione attenta e una regolamentazione appropriata per garantire che l'AI possa essere sfruttata per il bene comune.

Allo stesso tempo, dobbiamo anche riconoscere che l'Intelligenza Artificiale offre opportunità immense per creare valore per la società e per gli individui, stimolando l'innovazione, migliorando l'efficienza e, infine, migliorando la qualità della vita.

Per le imprese, l'IA è diventata una leva fondamentale per la crescita e la monetizzazione, permettendo loro di trarre vantaggio dai dati, di automatizzare i processi, di migliorare i prodotti e di offrire esperienze personalizzate ai clienti. Ci sono molte opportunità per le imprese di creare nuovi prodotti e servizi che sfruttano l'Intelligenza Artificiale, e chiunque abbia una buona idea può iniziare a creare il proprio business utilizzando questa tecnologia.

L'Intelligenza Artificiale ha il potenziale per portare il mondo in una nuova era di prosperità e innovazione. Ma questo potenziale può essere realizzato solo se impariamo a utilizzare questa tecnologia in modo responsabile e creativo. Dobbiamo continuare a esplorare le possibilità offerte dall'AI, ma allo stesso tempo dobbiamo anche essere vigili e critici nei confronti delle sue implicazioni sociali ed etiche.

In definitiva, l'Intelligenza Artificiale è un'opportunità per l'umanità di creare un futuro migliore e più equo. Spetta a noi sfruttare questa tecnologia per costruire un mondo migliore per tutti.

6.2 Prospettive Future

La tecnologia dell'Intelligenza Artificiale è ancora in continua evoluzione e i suoi impatti sulla società e sull'economia sono ancora in gran parte da scoprire. Tuttavia, i risultati che sono stati raggiunti finora dimostrano che l'AI ha il potenziale di migliorare notevolmente molti aspetti della nostra vita, dal lavoro alla salute, dallo sviluppo sostenibile alla comunicazione globale.

Ci sono ancora molte sfide da affrontare e problemi da risolvere, come quelli legati alla sicurezza e alla privacy dei dati, ma la capacità dell'Intelligenza Artificiale di risolvere problemi complessi e di prendere decisioni più intelligenti renderà sempre più evidente la sua importanza nella nostra vita quotidiana.

L'AI sta già rivoluzionando molti settori, e si prevede che nei prossimi anni sempre più aziende e organizzazioni si avvarranno della tecnologia dell'AI per migliorare le proprie attività e servizi. Con l'avanzare della tecnologia, ci saranno anche nuove opportunità per creare imprese basate sull'AI e fornire servizi innovativi ai consumatori.

Tuttavia, dobbiamo anche essere consapevoli dei possibili rischi e degli impatti negativi che l'uso dell'Intelligenza

Artificiale potrebbe avere sulla società e sull'economia. È importante assicurarsi che l'AI sia utilizzata in modo responsabile e etico, e che i suoi benefici siano distribuiti in modo equo tra tutti.

L'Intelligenza Artificiale è una tecnologia che promette di portare grandi vantaggi alla società e all'economia, ma richiede anche un'attenzione costante per garantire la sua sicurezza, la sua eticità e la sua sostenibilità a lungo termine. Con la giusta attenzione, l'AI può aiutarci a creare un futuro migliore per tutti.

E così, giungiamo alla fine del nostro viaggio attraverso l'intelligenza artificiale. Spero che tu abbia appreso tanto quanto me e che ora abbia una visione più completa di come l'AI possa migliorare e cambiare il mondo che ci circonda.

Abbiamo visto come l'AI abbia già influenzato il nostro mondo, dalle nuove opportunità di lavoro alle soluzioni per i problemi di sicurezza e privacy. Abbiamo esplorato anche le implicazioni etiche e sociali dell'AI, e abbiamo discusso di come gli sviluppi futuri dell'AI potrebbero impattare il nostro modo di vivere e lavorare.

Ma l'AI non è solo qualcosa che accade fuori di noi, è anche una tecnologia che possiamo usare a nostro vantaggio. Abbiamo visto numerosi esempi di come l'AI stia già cambiando il mondo del business e come sia possibile monetizzare con essa. Dalle piattaforme di e-commerce alla produzione di contenuti, l'AI sta diventando sempre più una risorsa preziosa.

L'Intelligenza Artificiale, come tecnologia in continua evoluzione, ha ancora molte strade da percorrere e scoperte da fare. Al momento, siamo solo all'inizio di un percorso che ci condurrà a nuove frontiere di conoscenza e di applicazioni. È fondamentale comprendere che l'AI offre infinite possibilità, ma il suo uso deve essere guidato da un approccio etico e responsabile.

Per questo motivo, dobbiamo continuare ad approfondire la conoscenza dell'AI, esplorare e sperimentare nuove applicazioni e valutare le loro conseguenze sulla società e sull'ambiente. Solo in questo modo saremo in grado di massimizzare il potenziale dell'AI per il bene dell'umanità.

Come individui e come società, dobbiamo adottare un approccio proattivo e imparare a utilizzare l'AI per migliorare le nostre vite e per risolvere i problemi più complessi. Dobbiamo essere aperti alla sperimentazione e alla collaborazione, cercando sempre di fare il massimo per raggiungere obiettivi comuni.

L'importanza della conoscenza è fondamentale in questo processo. Dobbiamo continuare a imparare e ad approfondire la nostra conoscenza dell'AI e di come essa possa essere utilizzata per migliorare il mondo. Solo allora saremo in grado di cogliere tutte le opportunità che questa tecnologia ci offre.

Siamo solo all'inizio di questo viaggio e l'AI continuerà a cambiare le nostre vite in modi che non possiamo ancora immaginare.

Spero che questo viaggio ti abbia aperto la mente e ti abbia ispirato a esplorare ulteriormente l'AI e i suoi possibili utilizzi.

Ti ringrazio per avermi accompagnato in questo viaggio attraverso l'AI. Spero che tu abbia tratto ispirazione e motivazione dal nostro viaggio e che continuerai a esplorare le possibilità dell'AI. Ricorda che il futuro è nelle nostre mani e che possiamo fare la differenza attraverso l'utilizzo della tecnologia in modo etico e responsabile.

Ricorda sempre che la scoperta e l'innovazione non hanno limiti. Sii curioso, sii audace e non smettere mai di esplorare le infinite possibilità che l'AI ha da offrire. Il futuro è nelle tue mani, quindi afferralo con forza e lasciati ispirare dalla meraviglia del potenziale dell'intelligenza artificiale.

www.ingramcontent.com/pod-product-compliance
Lightning Source LLC
Chambersburg PA
CBHW070407220526
45467CB00001B/498